魔幻塔

韩雨江　李宏蕾◎主编

U0160293

吉林科学技术出版社

图书在版编目（CIP）数据

魔幻塔 / 韩雨江，李宏蕾主编. -- 长春 : 吉林科学技术出版社，2021.6
（七十二变大冒险）
ISBN 978-7-5578-8078-1

Ⅰ. ①魔… Ⅱ. ①韩… ②李… Ⅲ. ①科学实验－少儿读物 Ⅳ. ①N33-49

中国版本图书馆CIP数据核字（2021）第101943号

七十二变大冒险 MOHUANTA 魔幻塔

主　　编　韩雨江　李宏蕾
绘　　者　长春新曦雨文化产业有限公司
出 版 人　宛　霞
责任编辑　汪雪君
封面设计　长春新曦雨文化产业有限公司
制　　版　长春新曦雨文化产业有限公司
选题策划　长春新曦雨文化产业有限公司
主 策 划　孙　铭　徐　波　付慧娟
美术设计　李红伟　李　阳　许诗研　张　婷　王晓彤　杨　阳
数字美术　曲思佰　刘　伟　赵立群　李　涛　张　冰
文案编写　张蒙琦　冯奕轩

幅面尺寸　170mm×240mm
开　　本　16
字　　数　125千字
印　　张　10
印　　数　1-5000册
版　　次　2021年6月第1版
印　　次　2021年6月第1次印刷
出　　版　吉林科学技术出版社
发　　行　吉林科学技术出版社
地　　址　长春市福祉大路5788号出版集团A座
邮　　编　130118
发行部电话/传真　0431-81629529　81629530　81629531
　　　　　　　　81629532　81629533　81629534
储运部电话　0431-86059116
编辑部电话　0431-81629518
印　　刷　吉林省创美堂印刷有限公司
书　　号　ISBN 978-7-5578-8078-1
定　　价　32.00元/册（共5册）

版权所有　翻印必究　　举报电话：0431-81629518

随处可得的实验材料
让每个人都能成为小科学家

炫酷的动画 * 新奇的故事 * 奇妙的实验 * 简单的操作

唐吉买了一本他最喜欢的《封神演义》。当他看到玲珑宝塔的时候，奇迹出现了——书中的字跳动了起来，接着一个个跳出书本，竟在半空中组成一个小宝塔，宝塔华光万道，顺势变大，立于唐吉眼前。此时，蓝琪、孙小空、猪小包三人乘着筋斗云赶来。他们告诉唐吉这是魔幻塔，“古约门之盾”的碎片就在塔顶。

唐吉一行四人来到了魔幻塔。魔幻塔有十四层，每一层都藏有一把钥匙并有守卫把守，只有达到守卫的要求拿到钥匙，才可以打开通往下一关的大门，而最顶层，就是他们最终的目标——拿到“古约门之盾”的碎片。

唐吉几人运用他们的智慧勇闯魔幻塔，他们遇见了守护魔幻塔的十四位守护人。守护人性别不同、性格不同、造型不同，关卡难度也不同。在团队的努力下，唐吉四人顺利通关。当他们挑战完第十四个任务的时候，本以为可以顺利得到碎片，忽然发现，还有一个终极挑战在等着他们。

通过了终极挑战，唐吉四人终于拿到了“古约门之盾”的碎片。在拿到碎片的那一刻，唐吉眼前一片漆黑，仿佛掉入一个洞中……

目录

人物介绍

姓名：唐吉

* 性别：男
* 年龄：11 岁
* 梦想：成为最有智慧的人
* 性格特征：

唐吉为人保守，喜欢读书，终日沉浸在自己的理想世界中，梦想着有一天能成为这个世界上的智慧尊者，用自己的能力开创出一个新的思维生活空间。但不得不说，唐吉是几个孩子中懂得最多的人。

姓名：孙小空

* 性别：男
* 年龄：9 岁
* 梦想：成为一个可以拯救世界的大英雄
* 性格特征：

孙小空为人正直勇敢，心地善良，乐于助人，快言快语，遇到不公平的事情会挺身而出。但有点狂妄自大，法术不精，冲动的个性让他经常好心做错事，闹出很多笑话。不过愤怒会激发他的小宇宙，调动他的潜在能力。他用心地守护着身边的伙伴们，每当遇到危险时都竭尽所能带领他们逃脱困境。

姓名：猪小包

* 性别：男
* 年龄：9 岁
* 梦想：成为一个吃尽天下美食的美食家
* 性格特征：

　　猪小包小名包子，整天贪吃贪睡，胆小怕事，行动力非常差，经常拖团队的后腿。但是他没有心机，见不得朋友伤心，却又不知道自己能做些什么。可是他打个哈欠就能制造出龙卷风，处在危险境地时一个屁也能发挥神力，误打误撞地解救了朋友。没有食物的时候脾气会变得暴躁，吃饱了力气就会变得很大，是团队中的“贪吃大力神”。

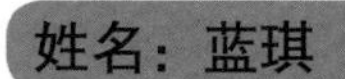

姓名：蓝琪

* 性别：女
* 年龄：10 岁
* 梦想：成为一名美丽与智慧并存的勇者
* 性格特征：

　　长相甜美，非常讨人喜欢，大智若愚，善于观察。当朋友遭遇危机时，会挺身而出，救朋友于水火中。蓝琪为人和善，善于聆听，在团队里经常起到指挥的作用。

来到魔幻塔

周末，唐吉
来到一处书摊
三国演义
西游记
山海经
史记
水浒传
哪吒
封神演义
红楼梦
这本《封神演义》
真好看。
太阳公公
落山了
爷爷，我要买
这本书。
天色这么晚了。

封神演义
10元
边走边看
玲珑宝塔
玲珑宝塔
当他看到“玲珑宝塔”时，书中的文字突然跳动了起来，在空中组成了宝塔的形状。
宝
玲
塔
珑
天啊！字都飞起来了！
玲珑宝塔

啊！

宝塔出现

宝塔立
于面前
晕了过去

眼前一黑

苏醒

揉一揉
宝塔出现在眼前

咦？这是哪里？

站起

看向周围

我怎么会在这？

唐吉！
唐吉！

!!
唐吉，我们来啦！

你们怎么来了？

这是
哪里啊？
这是
魔幻塔。
魔幻塔？
我们来这
做什么？

当然是来取“古约门
之盾”的碎片了！

魔幻塔共
有十四层。

每一层都有
一个守卫。

只有通过每层守卫的考验
并拿到钥匙，才可以打开
通往下一关的大门。

也就是说，我们到达最
顶层，才能拿到“古约
门之盾”的一个碎片。
没错！

那还等什么呢，走啊！

唐吉，你要考虑清楚，这里面的挑战说不定都非常难。

而且，只要进入塔内，法术就被封住了。

最可怕的是，如果违反规则，随时会被弹出来，重新再来，也有可能永远被困在里面。

有我在，大家放心。

出发

第①变

水山

扫描章节最后一页，
观看实验视频教程

欢迎来到魔幻塔。
你们准备好进入魔幻塔了吗？
准备好了！
祝你们顺利！

欢迎进入魔幻
塔第一层。
勇敢的孩子们，
你们好，你们可
以叫我红叔叔。
红叔叔好！
请问我们需
要做什么？
你们需要通过每一层
的挑战，拿到通往上
一层的钥匙。

第一层的任务就不简
单哦，我这里有一个
装满水的杯子。
材料箱里有
一些硬币。
只要你们可以把这些硬
币装进杯子里，并且保
证水不会溢出来，
就可以得到
通往上一层
的钥匙。
……
……
……
……

这怎么
可能！
魔幻塔
果然名
不虚传。
这才刚开始，
挑战就这么
难啊！
别丧气，会有
办法的。
看来，第一层
就过不去了。

盯
咚

紧张

咚
咚

滑进

要放多少才
算通关？
紧张

挑战成功！
嘀
终于成功了，
紧张死了。
太好了！

你们太棒了！
恭喜你们！
谢谢
红叔叔！
唐吉，你是怎么
做到的？
这就要听
我慢慢道
来了。

唐吉小课堂

由于它能承受一定压力，即使多放些硬币进去，它也不易破，所以水不会溢出来。

第②变
筷子的神力

扫描章节最后一页，
观看实验视频教程

你很聪明。
祝你们成功！

红叔叔再见！

上升

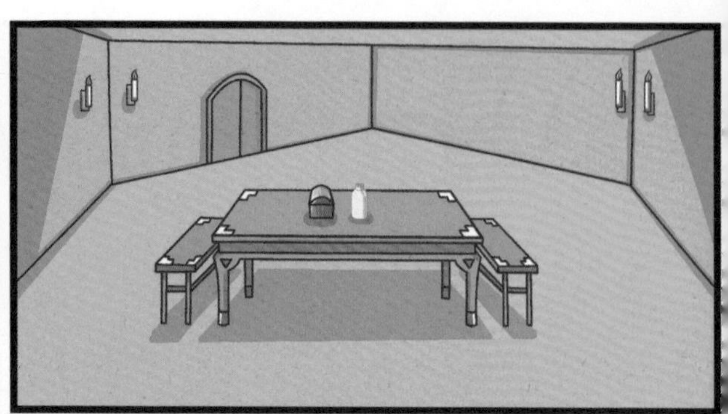

欢迎进入魔幻
塔第二层。

小朋友们，
你们好！

粉阿姨好！

小朋友们，这层的任务可不简单哦！

粉阿姨，这层是什么挑战呢？

将装满米的瓶子挪开，取出瓶子底下的钥匙。

那还不简单，把瓶子挪开就可以了。

别碰！

看给你
急的。

魔幻塔里可没
有容易的挑战。

不能直接
用手挪开
瓶子。
用其他的工具
挪开瓶子才行。
用手挪开瓶子
就是犯规了。

你们要想办法用其
他方式挪开瓶子，
取到下面的钥匙。

要小心点哦，不然
会前功尽弃的！

这也太难
了吧！

幸好刚才没
有碰到。

唐吉，有没有
什么好办法？

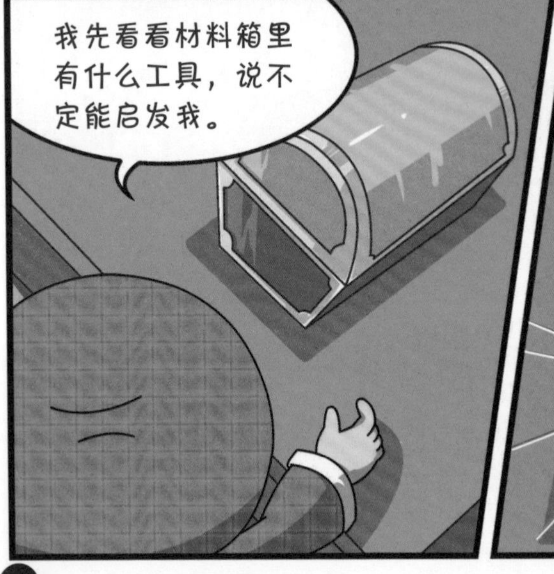
我先看看材料箱里
有什么工具，说不
定能启发我。

有了！

就用这只筷子？

嗯，就用这只筷子！

用手将大米按紧实

插入筷子

慢慢提起

成功
哈哈

挑战成功！
耶！
唐吉，给我们讲讲奥秘吧！
是这样的……

唐吉
小课堂

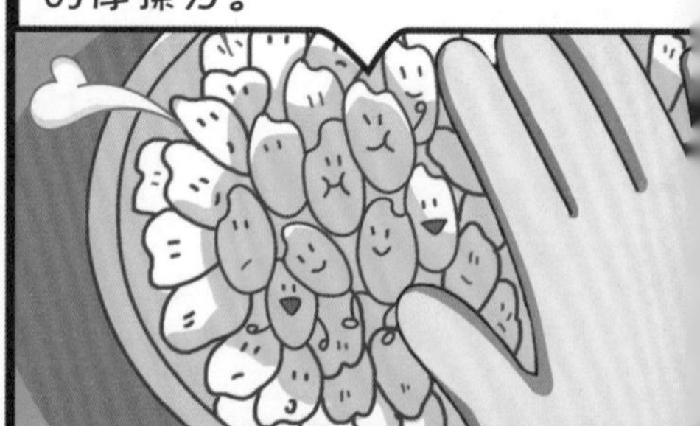
用手按压装满大米的瓶子，由于瓶内米粒之间受到手部外力的挤压，加大了米与米、米和瓶之间的摩擦力。

外力使瓶内的空气被挤压出来，而瓶子外面的压力就大于了瓶内的压力。所以，当插入筷子时，筷子和米粒能紧紧地贴合在一起，产生很大的摩擦力，而使瓶子不会掉落。

所以，筷子就能将盛满米的瓶子提起来了。

这就是摩擦力的作用。
哇！
App 扫一扫，
观看实验视频教程

第③变 神奇的竹签

扫描章节最后一页，
观看实验视频教程

粉阿姨，我们都
舍不得离开你。

我相信我们
会再见面的。

粉阿姨
再见！

上升

欢迎进入魔
幻塔第三层。

白叔叔好！

你们好！

白叔叔，请问
这层挑战的是
什么任务呢？

是这个。

水槽内有一根竹签，
让竹签移动到指定
位置。

不可以用吹气和
划水等人为方式
帮助竹签移动。

这里是材料箱，你们
可以用这里面的工具
完成任务。

完成后，我会给
你们通关钥匙，
祝你们成功。
咻

消失了……

不知道为什么，感觉这层好冷。
大概是因为冰雪的颜色吧。
我们快点完成，赶快离开这一层。

说得容易！
我们先看看有什么材料吧。

方糖
肥皂

这些东西怎么用？

反正冰块脸也不在，咱们作弊他也不知道。

呼

咻

哼
如果再有违规操作，直接弹出魔幻塔！

对不起！
对不起！
咻

无论守卫在不在这里，我们都不能作弊！

对不起，以后不会这样了。

知错能改就
是好孩子。

我想到
办法了！

虽然有点麻烦，
但我想一定会
成功的。

那我们
开始吧。

方糖

在远离竹签的一侧先放入方糖。
竹签缓慢向方糖处移动了！
在接近竹签一侧放入肥皂。
接下来，我们在
样的位置分别多
放入方糖和肥皂
直到竹签到达箭
指定位置。
远离竹签的另一侧放入第二块方糖。
移动啦！
在接近竹签另一侧放入第二块肥皂。

用同样的方法连续放入方糖和肥皂。

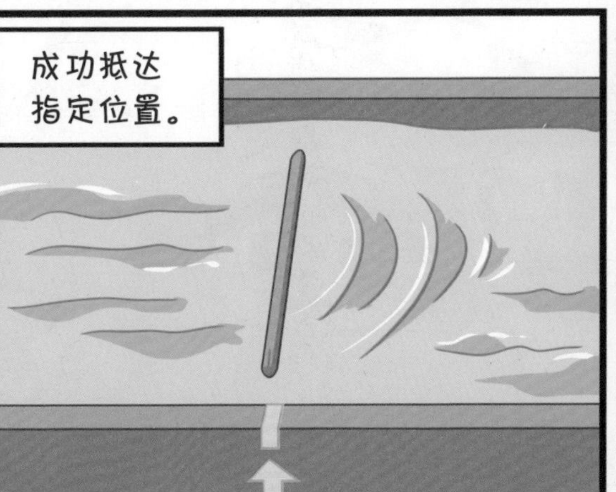
成功抵达
指定位置。

挑战成功！

耶！

恭喜。
谢谢
白叔叔！

咻

唐吉，该
讲课了！

所以会有很小的水流往方糖的地方流，而竹签也跟着水流移动。

当你把肥皂投入水槽中时，肥皂开始溶化，肥皂水的表面张力变弱，所以会把竹签向对面推。

肥皂里含有表面活性剂，这种物质不但可以清除污垢，还能减弱水的表面张力。

App 扫一扫，
观看实验视频教程

所以，方糖对于竹签具有拉近的作用力，而肥皂对于竹签具有推力。

第④变
吹气球

扫描章节最后一页，
观看实验视频教程

唐吉，你
太棒了！

这层真的
太冷了！

是啊，我们
快点去上一
层吧。

虽然白叔叔
有点高冷，
但是咱们
还是跟他道
个别吧。

白叔叔再见！

祝你们顺利。
上升

欢迎进入魔幻
塔第四层。

孩子们，
你们好！

您好！

现在我来为
你们介绍本
层任务。

你们的任务就是
吹起这些气球。

这么多！这
要吹到何年
何月！

哦，对了，提醒
一下，这层任务
有时间限制。

什么?!

你们只有三十分钟的时间，现在，计时开始！

我不行了！我不行了！

不行，我们不能
浪费宝贵的时间，
得继续吹！

真的吹不
动了！

怎么忘了
材料箱！

对啊！

这些东西有什么用，
还是继续吹吧，别浪
费时间了。

小苏打
醋

大家快停下！

咦？

现在还有十五分钟，大家每人拿一个瓶子，将纸折成漏斗形状，插到瓶口处。
1.
然后通过漏斗把小苏打倒进瓶中。
2.

再把白醋分别倒进四个瓶子中，醋的量为瓶子容量的1/3。

3.
将气球套在瓶口上，气球就会被慢慢吹大。

气球真的被吹大了，好神奇。

还有最后四只气球没有吹，时间还剩多久？
十秒钟！
快！

五、四、三、二、一！

挑战成功！

耶！

孩子们，恭喜你们，你们很棒！

谢谢您！

唐吉唐吉，快告诉我们这是为什么？

唐吉
小课堂

小苏打是碳酸氢钠，醋里有醋酸，两种溶液混合生成了二氧化碳。
小苏打
醋
CO_2
App 扫一扫，观看实验视频教程
当小苏打和白醋混合，产生了二氧化碳气体，就可以把气球吹大。
小朋友们最好和爸爸妈妈一起做这个实验哦。

第5变 调色的彩虹

扫描章节最后一页，
观看实验视频教程

再见！
孩子们，再见！
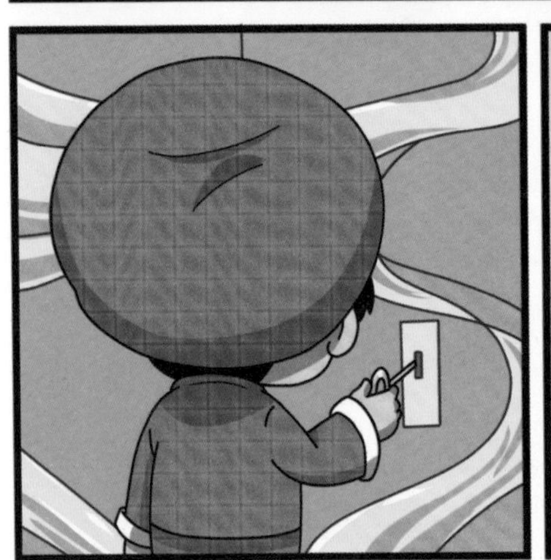

上升

欢迎进入魔幻塔第五层。

可爱的孩子们，
你们好！

青姐姐好！

姐姐给你们准备的任务可有趣了，你们一定会喜欢。

看！
是什么任务啊？

帮我完成这
个彩虹吧！
太好了！
我们好喜欢
这个任务！

材料箱里有你们用
得到的材料，加油
吧，孩子们！

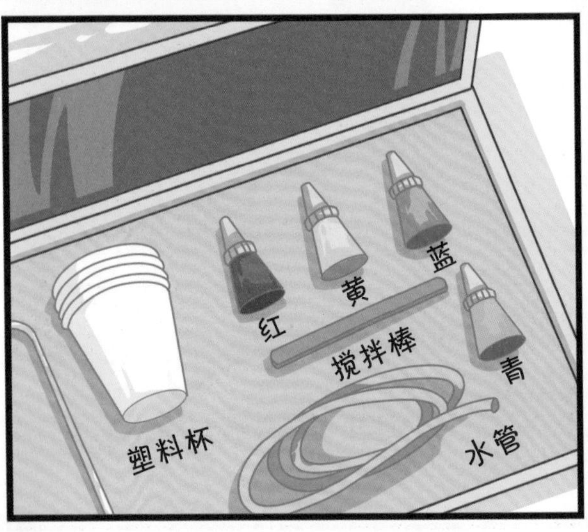
红
黄
蓝
青
搅拌棒
塑料杯
水管

我们开始吧。

大家将水倒入塑料杯中。

将红色素溶于水中，借助水管注入彩虹第一层管道中。

红色素加黄色素溶于水中，调为橙色。

将橙色水注入第二层管道中。

将黄色素溶入水中，注入第三层管道中。

大量黄加小量蓝色素溶于水中，调为绿色。将青色素溶于水中。
将绿色水和青色水分别注入第四、第五层管道中。

蓝色素溶于水中，注入第六层管道中。

红色素加蓝色素溶于水中，调为紫色，注入第七层管道中。

挑战成功！

哈哈哈……

恭喜你们完成了任务。

这是通关钥匙。

孩子们，你们真棒，出色地完成了这个漂亮的彩虹。

嘿嘿……

谢谢姐姐，让我们做了这么有趣的任务，我们都没玩够呢。
是啊，这是我们到目前为止做得最开心的任务了！

包子都不想
走了！
讨厌！

你俩不要
闹了！

唐吉，该讲
课了。

唐吉
小课堂

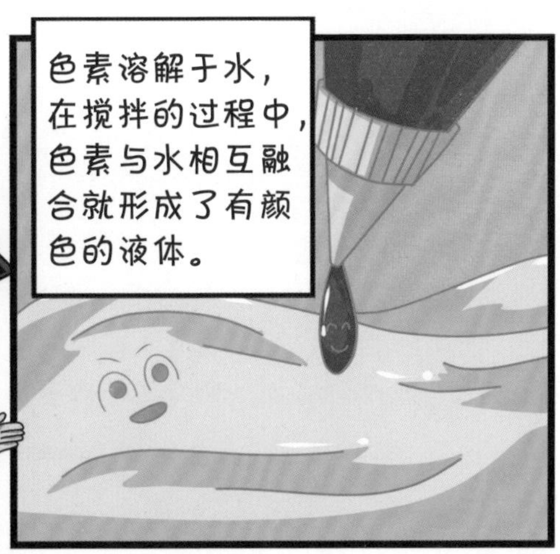
色素溶解于水，在搅拌的过程中，色素与水相互融合就形成了有颜色的液体。

红色和黄色混在一起就变成了橙色。

红色和蓝色混在一起就变成紫色。

蓝色和黄色混在一起就变成绿色。
App 扫一扫，观看实验视频教程

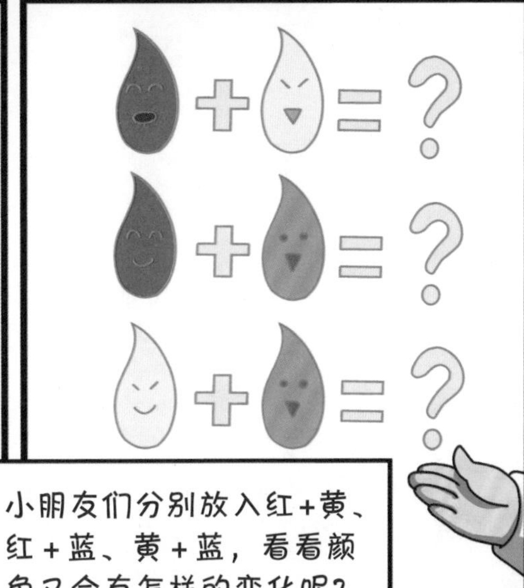
小朋友们分别放入红+黄、红+蓝、黄+蓝，看看颜色又会有怎样的变化呢？

第⑥变 弹射空气炮

扫描章节最后一页，
观看实验视频教程

青姐姐，我们还会再见面吗？

我相信你们一定会再见到我的。

每层守卫都说还会再见，这是什么意思呢？

我们走吧！

上升

欢迎进入魔幻塔第六层。

你们好。

叔叔好！

悬空
钥匙在这个悬空的盒子里面，能不能拿得到就看你们的本事了。

好高啊！

是啊，这要怎么拿到钥匙呢？

为什么不用小飞云？
你个笨蛋，小飞云在室内是没办法召唤的。
我快坚持不住了！
唐吉，快来！

快下来吧，就算我上去也够不到。

唐吉，你想到
办法了吗？

是的，你们
快过来看看
材料箱！

小球
气球
剪刀
塑料瓶
这些东西
怎么用？

这些工具可以用来做“空气炮”。
将塑料瓶剪去一半，留下瓶嘴部分。
用剪刀把气球嘴剪下来。
把气球套上，把小球放在瓶口处。
拉起气球的中心处。
松手，空气就能推动小球了。

这么厉害！

现在我们就把它击落！

碰

看我的！
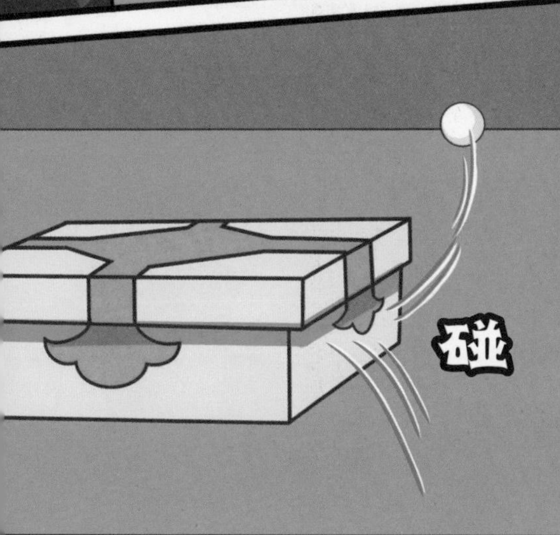
碰

就差一点点。

我来！
碰
看我的。
蓝琪发射的小球击落了盒子。
耶！

挑战成功！

恭喜你们！

谢谢叔叔！
空气炮是什么原理呢？

唐吉
小课堂

所谓空气炮，就是利用空气动力原理。

瞬间将弹性势能转变成空气动力能，从而产生强大的冲击力。

当拉气球套再
突然松手时，
瓶子里面的空气被一下子
赶出来，向外冲去，从而
轻松地将瓶口的小球弹出
去，打到目标。

我们快去上
一层吧！
App 扫一扫，
观看实验视频教程

第⑦变 油去哪儿了

扫描章节最后一页，
观看实验视频教程

上升

欢迎进入魔幻塔第七层。

这层没有守卫吗？

谁啊？

您好，我们是来完成通关任务的。

能到这层来，还算有点本事。

不过，想过我这一层，可没那么容易。

等着瞧，我们一定能通过！
水
油

这个任务就是让水和油混合在一起。
什么？！
这怎么可能！这明明就是在刁难我们！
有没有可能？

有可能！

怎么做？
前提是材料箱里一定得有洗衣粉。

找寻
哈哈，在这呢。

看看这里有没有？
打开

还好，这里有。

洗
衣
粉

唐吉，你拿洗衣粉做什么？

看我的！先将水倒入杯子中。

再将油倒入有水的杯子中。

油漂浮在水的上面
油
水

接下来，见证奇迹的时刻。
洗衣粉

洗衣粉
倒入洗衣粉

搅拌

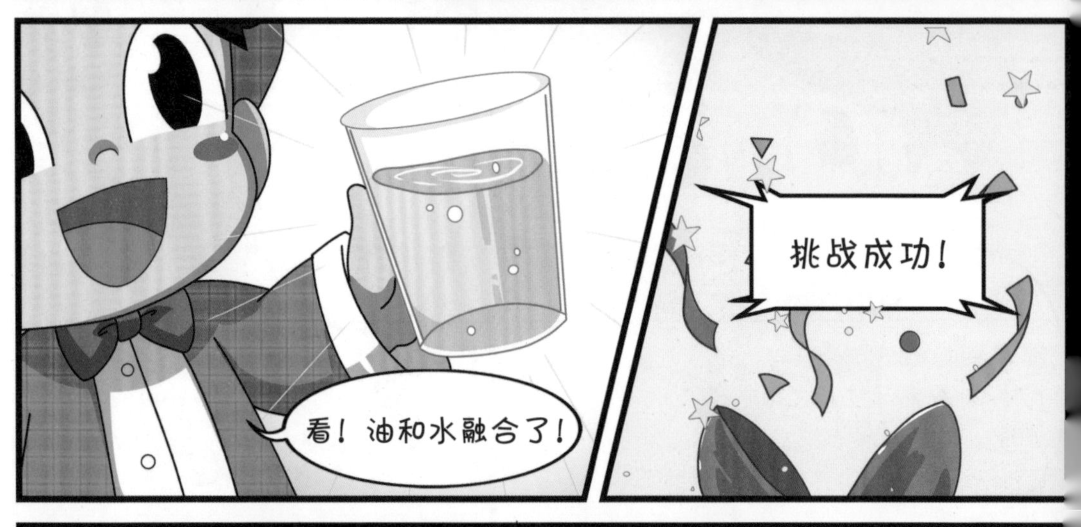
看！油和水融合了！
挑战成功！

耶！

我们成功了，快把
钥匙给我们吧。

你们成功了，
这是钥匙。

唐吉，快来讲
讲你是怎么做
到的。

唐吉
小课堂

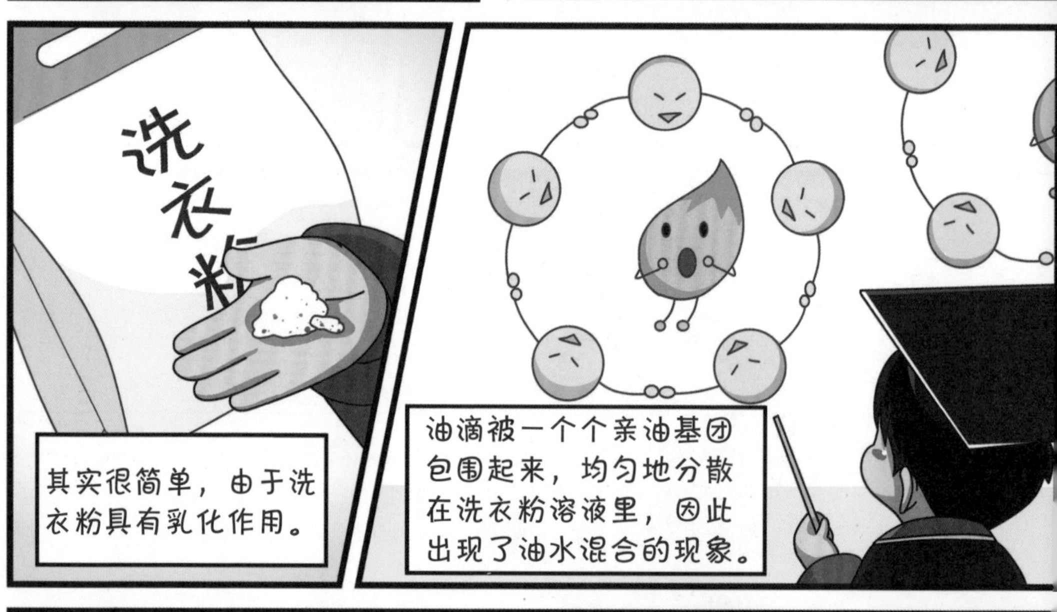
洗衣粉
其实很简单，由于洗
衣粉具有乳化作用。
油滴被一个个亲油基团
包围起来，均匀地分散
在洗衣粉溶液里，因此
出现了油水混合的现象。

小朋友们在尝试的过程中，注意
不要将洗衣粉弄到眼睛里。

原来是这个原理，好神奇。

我们快点走吧，该去上一层了。

再见！

App 扫一扫，观看实验视频教程
再见！

第⑧变 电磁铁

扫描章节最后一页，
观看实验视频教程

上升
欢迎进入魔幻塔第八层。

你们好！

蓝叔叔好！
这一层的任务很难，需要你们开动脑筋才能完成。

是什么任务呢？

在这里。

地面机关打开
箱子升起

这里是什么？
哇！

打开

一箱钥匙
你们需要找出这里唯一一把铁质钥匙。

这还不容易，我还以为多难呢！

我还没有说完，前提是不能触碰这些钥匙。

什么?!

幸好蓝叔叔及时制止，不然我们有可能功亏一篑了。

是啊，那我们快想想怎么完成任务吧。

我想蓝叔叔已经暗示我们了。

蓝琪和我想的一样，守卫已经告诉我们通关的方法了。

别卖关子了，你俩快点说！

蓝叔叔不是说了吗，唯一一把铁质的钥匙。
所以我们只需要一块吸铁石。

材料箱里一定有吸铁石！

根本就没有吸铁石，果然不会这么容易。

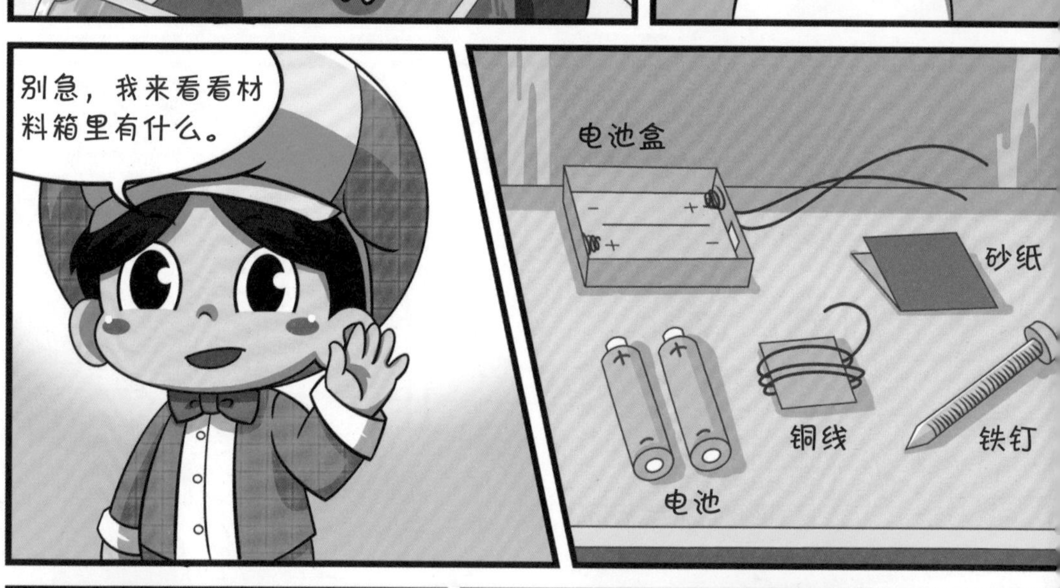
别急，我来看看材料箱里有什么。
电池盒
砂纸
电池
铜线
铁钉

咯咯
咯咯

你笑什么？

谁说这里没有吸铁石的。
在哪呢？
看我的，这可是超强吸铁石！
用砂纸磨掉铜线末端的绝缘保护层。
把铜线紧密地缠绕在铁钉上。

缠好后，需要将铜线与电池盒导线相接。
把铜线和电池盒的导线拧在一起。
装上电池。
大功告成！

这是什么？

超强吸铁石——电磁铁，我们来试试！

吸一吸

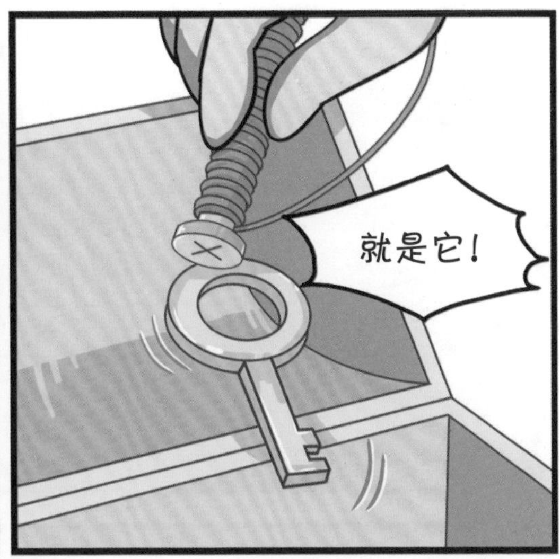
就是它！

挑战成功！

这也太
神奇了！

惊讶

这是魔术吗？怎么做到的？
其实很简单。

唐吉
小课堂
电磁铁是通电产生电磁的一种装置。

在铁钉的外部缠绕导电绕组，通有电流的线圈像磁铁一样具有磁性，它叫作电磁铁。

我们通常把它制成条形或U形，
以使铁芯更加容易磁化。
S
N
N
S

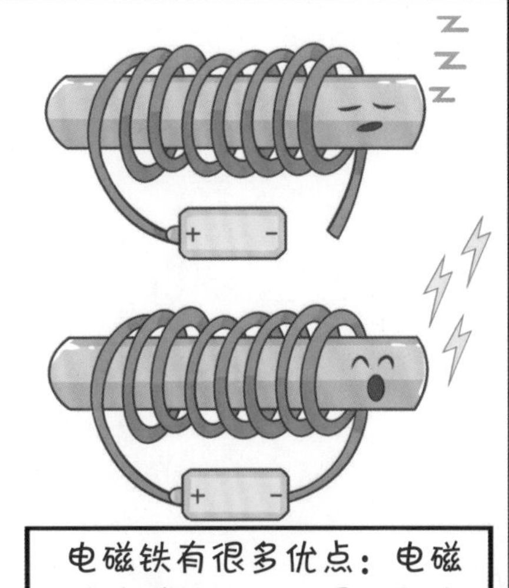
电磁铁有很多优点：电磁铁的磁性可以用通、断电流控制。

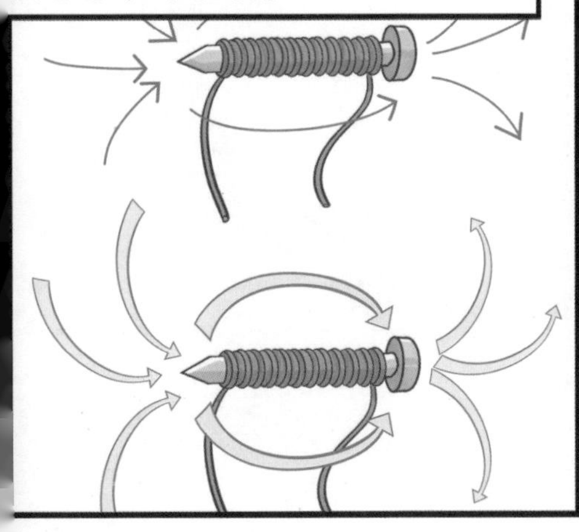
磁性的大小可以用电流强弱或铜线圈圈数来控制。

也可以通过改变电阻控制电流大小来控制磁性大小。

小朋友们要注意，使用铁钉时要小心，尖锐的一端不要用手触摸哦。
它的磁极可以通过改变电流的方向来控制。
App 扫一扫，
观看实验视频教程

第⑨变

投石机

扫描章节最后一页，
观看实验视频教程

祝你们成功！
有缘再见！

蓝叔叔
再见！

上升

欢迎进入魔幻塔
第九层。

小朋友们，
你们好。

橙姐姐好！

你们猜猜这层任务是什么？

橙姐姐你可真调皮，我们怎么能猜得到呢。

那我来告诉你们吧。

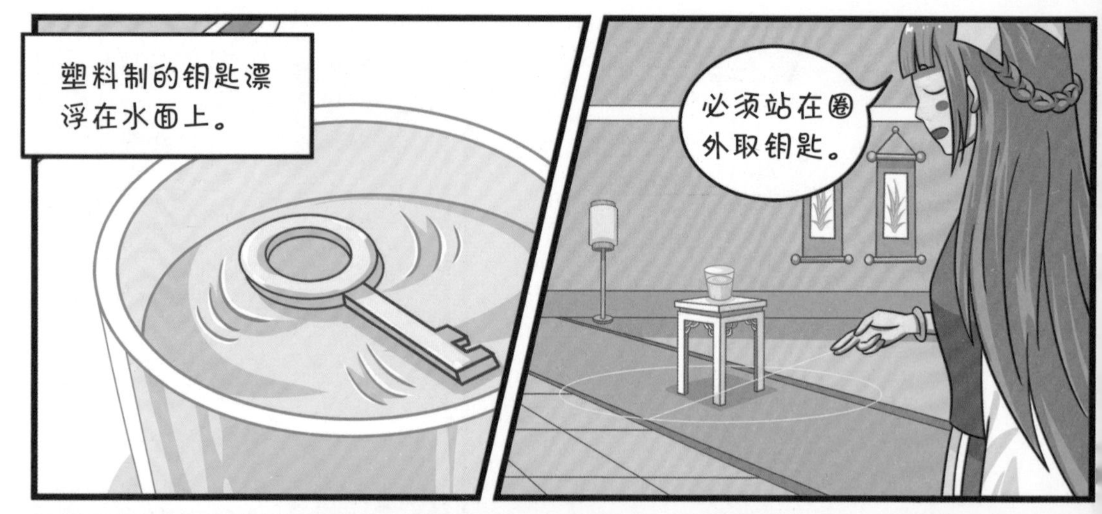
塑料制的钥匙漂浮在水面上。
必须站在圈外取钥匙。

只要把钥匙从水杯中取出来就算成功！

顺便提醒你们，这可不是铁质的，想用上一关的方法肯定不行。

都到第九层了，我相信这个任务难不倒你们，加油！
橙姐姐，你这不是为难我们吗？

这个橙姐姐还真调皮。
钥匙离这么远，怎么取啊，又不能用法术！
不能用法术就变魔术吧，隔空取物！

我们先去看
看材料箱。
有办法了！
唐吉，你在
找什么呢？
翻一翻

小夹子
瓶盖
冰棒棍
6根
双面胶

唐吉，有办法了吗？

当然了。

怎么做？

你们知道乌鸦喝水的故事吧，只要我们把石头投进水杯中，水位升高，钥匙就会跟着水一起溢出来。

可是我们怎么把石子投进杯子里呢？

所以我要制作
一个投石机。

投石机？

看我的！
用双面胶将两根冰棒棍分别缠绕粘在夹子的两边当作“发射器”。

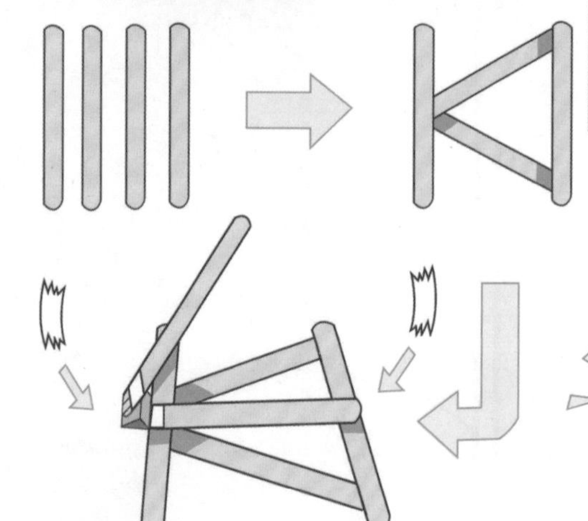

再用四根冰棒棍像这样粘出一个三角形当作底座，最后将“发射器”固定在底座上。

然后把瓶
盖粘在翘
起的冰棒
棍顶部。
放上小石子，用手按
下投石机，松开手就
能射出小石子。
我们快行动起来，
把更多石子投进去，
使钥匙溢出水面。

挑战成功！

真棒！快去拿你们的钥匙吧！

唐吉，这个投石机是什么原理呀，可真有趣！

唐吉
小课堂

投石机是古代一种攻城武器。

把巨石投进敌方的城内造成破坏。

投石机又称投石炮，可以投掷一个或多个物体。

物体可以是巨石或炮弹。

中国的投石机最早出现于战国时期。
战国时期
投石机是利用杠杆原理及离心力作用，以抛射的方式，将一切可以杀伤目标的物体砸向敌方。它的动力来源主要以人力拉拽或重力下坠的方式来获得。
最多需要500人施放。
士兵
×500
App扫一扫，观看实验视频教程
小朋友要注意，玩的时候千万不能对着人发射！

第⑩变
可爱的浮水印

扫描章节最后一页，
观看实验视频教程

橙姐姐，我们要走啦。

好舍不得你们。

真想让你们多陪我玩一会儿。

橙姐姐，等我们拿到碎片再来陪你玩儿吧！

那好吧，我相信我们很快就会再见的。

姐姐再见！

上升

欢迎进入魔幻塔第十层。

你们好。

灰叔叔好！

这层的风格还真是和其他几层大不相同呢。
灰叔叔，我们在这层的挑战是什么呢？

一场美术考试。

我最喜欢画画了。

但是这个
美术考试
比较特别。

嗯？

请大家每人在
宣纸上画一幅
以圆形为主的
水墨画。

好说，画笔
在哪里？

特别就特别
在没有笔。

还是先来看看材料箱中有什么能用的吧。
没有笔可怎么画啊！
宣纸
筷子
棉花棒
墨水
还有个盆。
看我的。

轻碰墨汁的圆心处，看到墨汁在
水面上扩展成一个圆形。

缓缓拿起
一幅简单的水墨画画好了。
请上交你们的作品。

恭喜你们！
挑战成功！

哈哈
这是
钥匙。

接住

原来宣纸上漂
亮的圆不是画
出来的。

那当然！

唐吉，来给大
家讲讲吧。

唐吉
小课堂

将棉花棒在头皮上摩擦会粘上少量油，放入水中就会影响水分子互相拉引的力量。

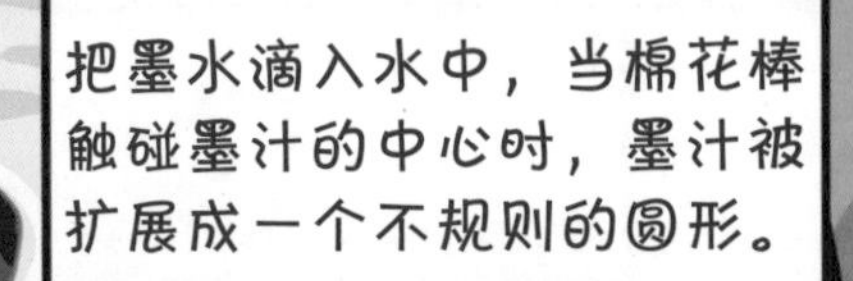
把墨水滴入水中，当棉花棒触碰墨汁的中心时，墨汁被扩展成一个不规则的圆形。

墨汁会呈现不规则的形状。

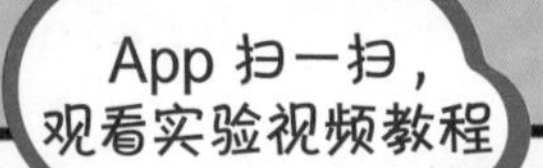
App 扫一扫，
观看实验视频教程

小朋友们可以试试其他的方法，改变水面上墨汁的形状。

要注意实验中的墨汁不要食用，筷子尖锐的一头不要对准人哦！

第⑪变 分离盐巴与胡椒粉

扫描章节最后一页，
观看实验视频教程

祝你们顺利。

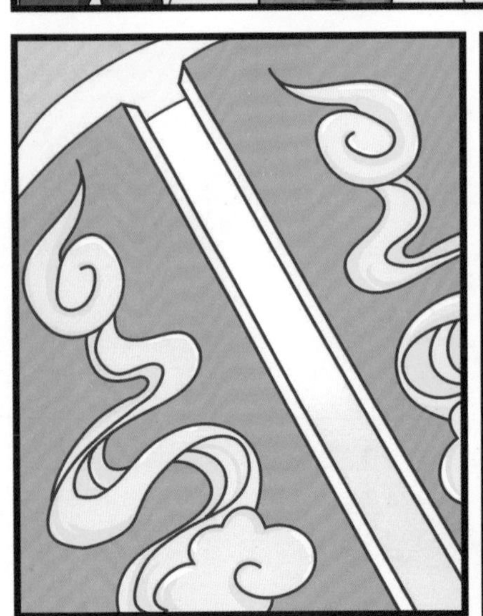

上升

欢迎进入魔幻塔第十一层。

欢迎你们来到
黄色厨房！

黄哥哥好！
咕噜噜噜噜

都上到十一层了，
我真的饿了！
包子，能不能
有点出息！

帮我解决个难题，哥哥请你们吃大餐！
真的吗？什么难题？
刚刚我不小心把胡椒粉罐子扣进了盐罐中，可以帮我把它们分离开吗？
这……不太可能吧。

唐吉，你快想想办法，我好饿啊！

哎，你啊……

先用筷子
搅拌均匀。
然后把塑料
汤勺放在衣
服上摩擦。

把塑料汤勺放
在盐巴与胡椒
粉的上方，胡
椒粉粘附在汤
勺上。

把胡椒粉装入另
一个调料罐中。

这样就好啦！
饥饿中……

挑战成功！

你真的
太棒了！

等着，哥哥这就
给你们做大餐！

谢谢哥哥！

唐吉，这是怎
么做到的？

唐吉
小课堂

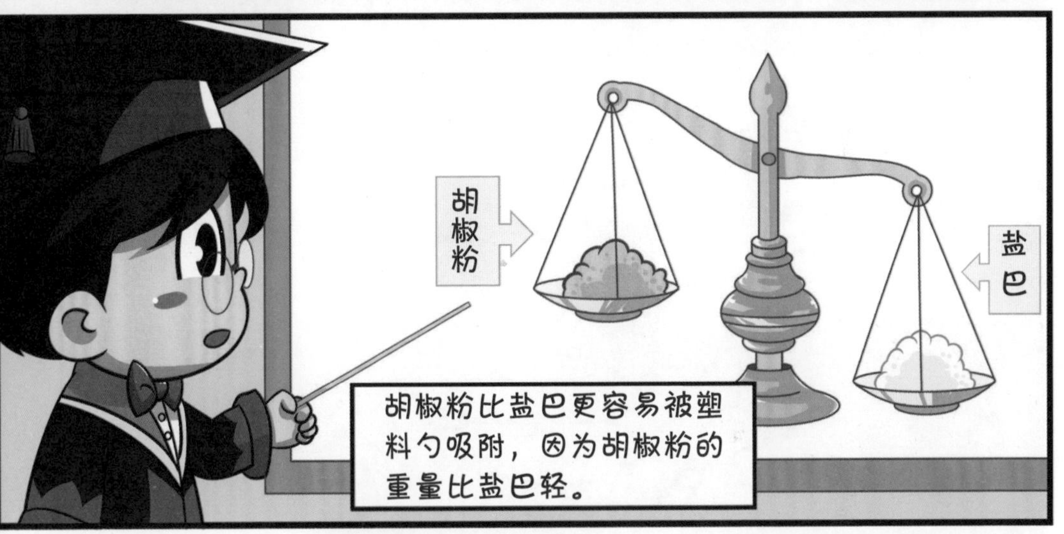
胡椒粉
盐巴
胡椒粉比盐巴更容易被塑料勺吸附，因为胡椒粉的重量比盐巴轻。

小朋友，你能用这种方法将其他混合的原材料分离吗？
在实验过程中要防止盐巴和胡椒粉进入眼中哦。

哇！
好好吃。
你们喜欢吃就好。
你的手艺真好，我们都吃光了。
谢谢黄哥哥请我们吃饭！
别客气，咱们后会有期。
App 扫一扫，观看实验视频教程

第⑫变 双轨怪坡

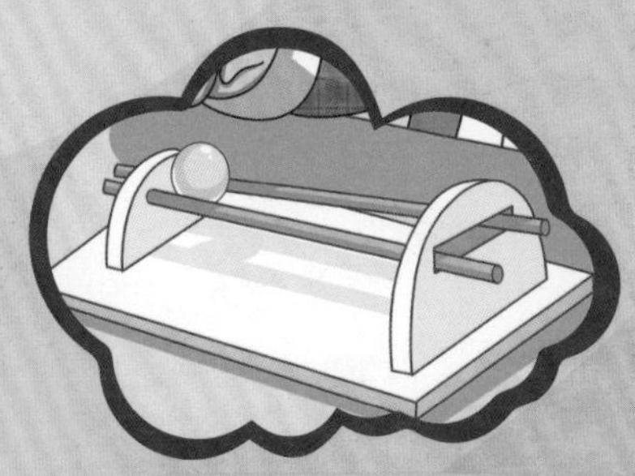

扫描章节最后一页，
观看实验视频教程

上升

欢迎进入魔幻
塔第十二层。

吓

凶

您……您……
您好……

少废话！你们能到这很不简单，但是休想过这一关！

如果能让玻璃球自己从低处滚动到高处，就算你们挑战成功。

就知道哭！赶紧想办法离开这！
太可怕了！

圆孔小半圆形发泡棉
长木棍
长方形发泡棉
长条孔大半圆形发泡棉

这些东西有什么用呢？
有用，可以改变球的重心的高度。

首先，将圆孔小半圆形发泡棉插入长方形发泡棉底座一端，另一端插入长条孔大半圆形发泡棉。
再将两个长木棍一端穿过两个圆孔，另一端穿过另一侧的长方形孔内。
把玻璃球放在竹竿较低的一端。
调整两根木棍打开的角度。
玻璃球竟然真的自己向高处滚动了起来！

挑战成功！
太棒了！终于可以离开这里了！

别急，先听听唐吉小课堂吧！

唐吉
小课堂

玻璃球之所以能够从低处向高处滚动，是重心降低的原因。

由于斜坡上两轨
不平行，具有一
夹角，玻璃球在
坡低处时的重心
斜坡高处的重心

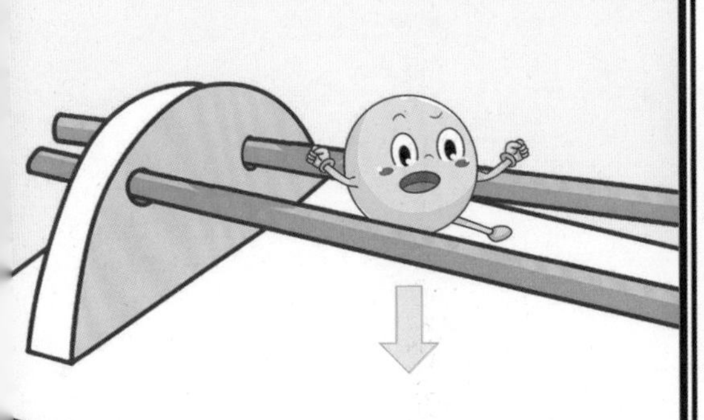
在整个过程中，它的重心是下移的，地球上的一切物体都会受到地球引力的作用。

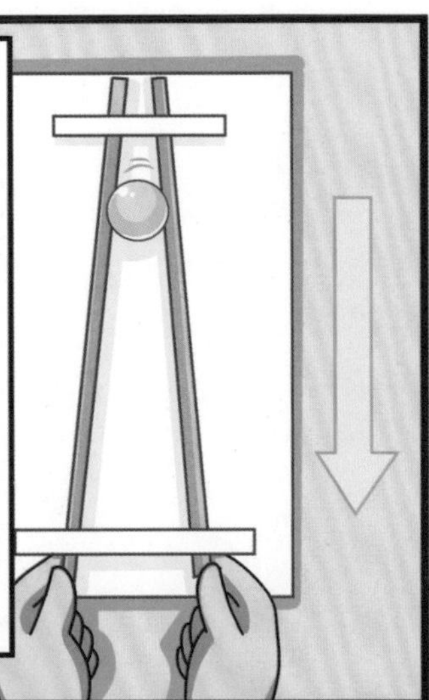
在这个实验中，怪坡低处的小球重心高，高处重心低，所以小球在重力作用下（重心不断降低）向上运动。是重力把玻璃球拉上了斜坡。

太神奇了！

上升
嘎吱
App 扫一扫，观看实验视频教程

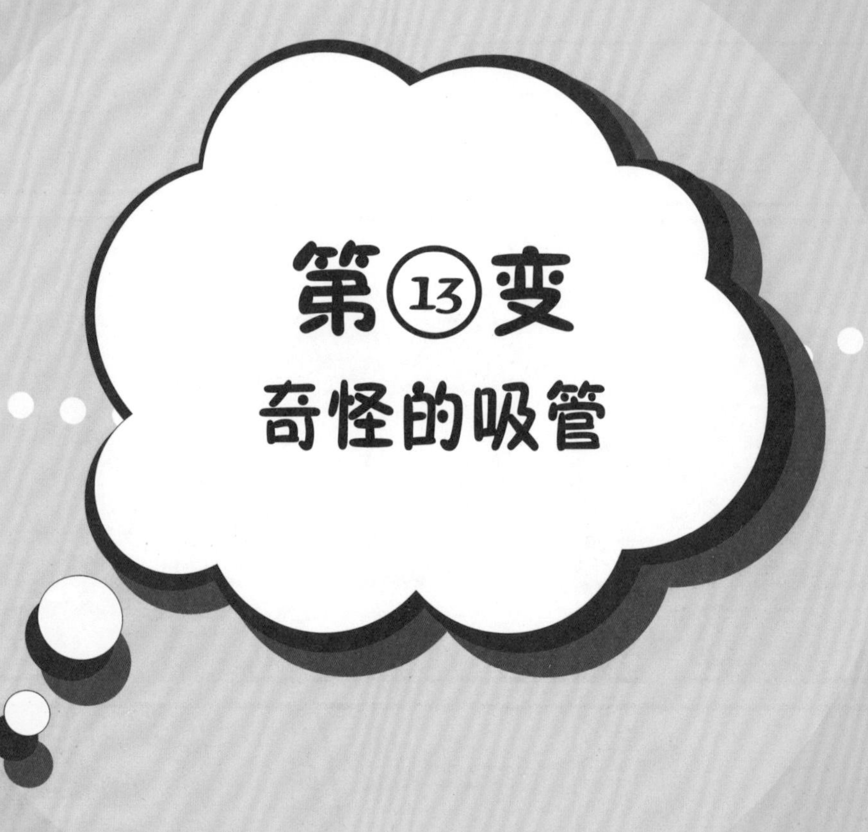

第⑬变
奇怪的吸管

扫描章节最后一页，
观看实验视频教程

欢迎进入魔幻
塔第十三层。

很高兴见到
你们。

金姐姐好！

这一层只需要你们用吸管吸水，但不要把水吸上来，就算你们通关成功。

用吸管吸水肯定能吸上来水啊！
对啊！怎么可能不让水吸上来呢。

我知道该怎么办了！
吸管
塑料杯

将一根吸管
插到水中，另
一根吸管放
在杯子外面。

将两根吸管一起含住，
试着喝杯子里的水。

挑战成功！

耶！

唐吉，你是怎么做到的？快给我们讲解一下吧！

唐吉
小课堂

为什么我们可以用吸管喝水呢？其实，不是我们嘴巴有吸力，而是在用吸管喝水时，
人会用力吸气，导致口腔内的气体减少，气压降低，所以水就会被挤进嘴里。
在这个挑战中，用含在嘴里的吸管吸气时，空气通过外面的吸管补充进嘴，嘴里的气压没有降低，水就吸不上来了。
我们明白了。

祝贺你们，可以进入最后一层了。
App 扫一扫，观看实验视频教程

第⑭变

带电的气球

扫描章节最后一页，
观看实验视频教程

欢迎进入魔幻
塔第十四层。
又见面了！
原来真的会
再见！

可以拿到碎片了吗？
你们还有最后一个任务。这里有两个气球，只要这两个气球愿意为你们鼓掌，你们就可以拿到碎片了。

什么？让气球鼓掌？气球也没有生命啊！
眼看就拿到碎片了，难道我们要在最后关头功亏一篑吗？

这不可能吧！

没什么不可能！

咦

翻找

线绳
硬纸板
就是它！

将两个气球分别充气并打结。

用线绳将两个气球连接起来。

用气球在头发上摩擦。
看好了，接下来，气球要为我们鼓掌了。
提起线绳中间部位，两个气球立刻分开了。
!!
将硬纸板放在两个气球之间观察。
气球上的电使它们被吸引到了纸板上。
挑战成功！

如果两个物体带有不同的电荷就会相互吸引。如果两个气球上的电与纸板上的电不同，气球就会吸附到纸板上。

突然的别离

孩子们，恭喜你们完成所有的任务，碎片归你们了。
这时碎片从空中缓缓向四人飘来。
突然碎片闪出一道强光
团结之心
大家接住碎片。

唐吉眼前的一切
突然变得模糊。

啊！
掉入黑洞

唐吉被一股神秘力量带动，从空中慢慢地飘落到学校操场上。
哎哟，摔死我了！

我又回来了，都没有机会好好道别。

包子、蓝琪、孙小空，我很想念你们，希望很快还能与你们相见。